HIRE

O

S. 1051
3+L

# SISTÊME

## DE Mr

# LINNÆUS,

Sur la Génération des Plantes,
& leur fructification.

Dédié à Monfieur FOUBERT, Maître en
Chirurgie, Ancien Chirurgien Major de
l'Hôpital de la Charité, Chirurgien du
Roi en fa Cour de Parlement, Lieute-
nant de M. le Premier Chirurgien du
Roi, en furvivance.

Mis en François, par Mr HELIE.

A MONTPELLIER.

M. DCC. L.

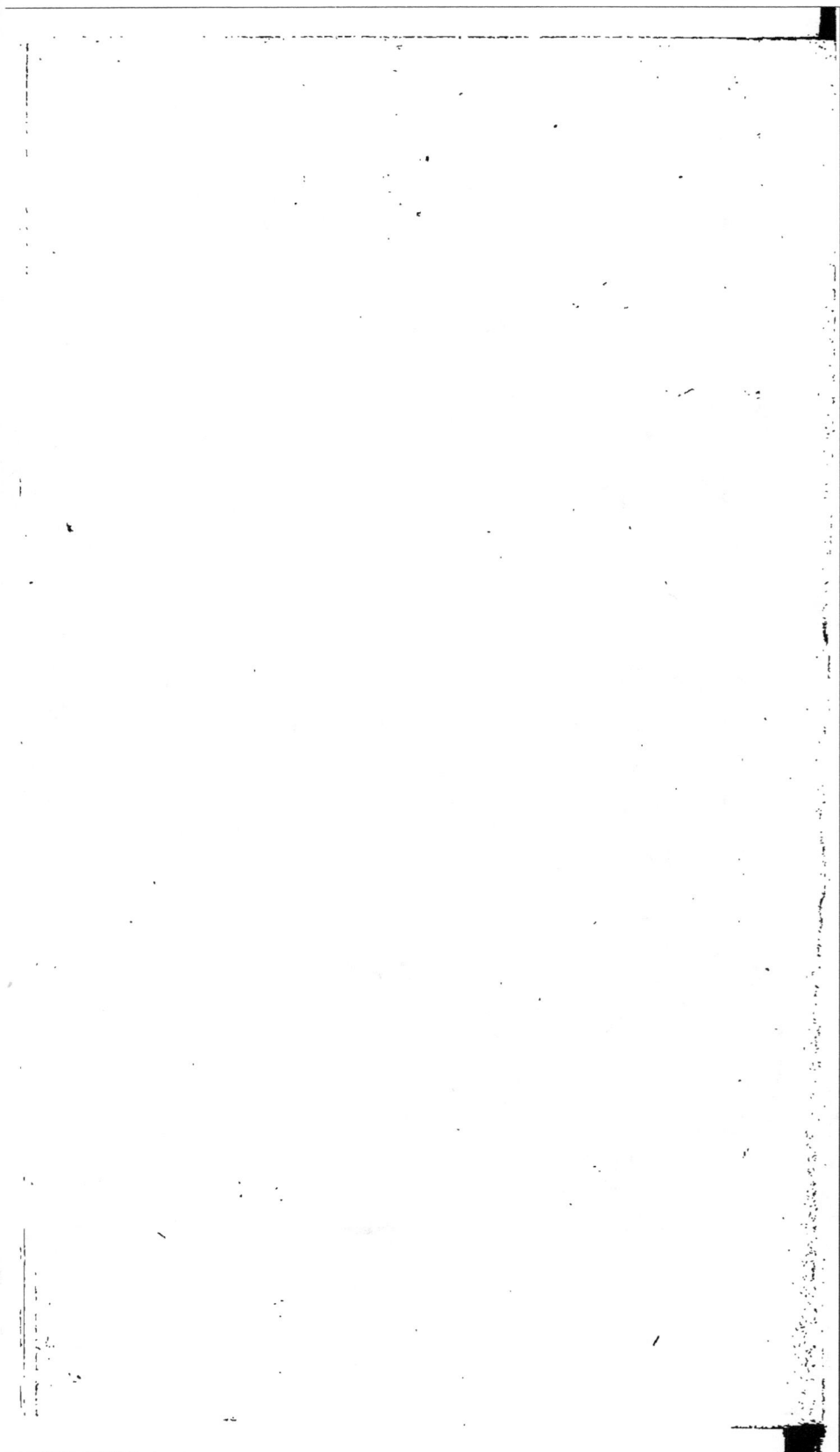

# EPITRE.

## Monsieur,

Comme je fçais que vous n'avez pas borné vos connoiſſances
à la ſeule qualité d'un bon Chirurgien, & que vous les avez étendues ſur toutes les parties de l'art
de guérir, j'eſpere que vous trouverez bon, que je vous demande l'honneur de votre ſufrage pour
un petit ouvrage que j'ai traduit,
ſur le ſyſtême des plantes de Linnæus; vous êtes celui de qui j'ai
reçu les premiers principes de Chirurgie à la Charité, & ma reconnoiſſance à vos bontés ne peut
avoir de borne.          A ij

J'ai l'honneur d'être avec un très-profond respect,

MONSIEUR,

Votre très-affectionné
& très-soumis
serviteur,

HELIE.

# PRÉFACE.

SI j'ai la témérité de mettre au jour le Siſtême de
Monſieur LINNÆUS
traduit en notre langue, qu'on
ne m'en faſſe point un crime;
& ſi j'ai perdu de vûe l'idée
de mon Auteur, qu'on me le
faſſe connoître. Moins animé
par l'amour propre, que par le
déſir de ſçavoir, j'ai hazardé
l'Impreſſion de mon Ouvrage,
afin qu'il ſe répandit d'avan-
tage, & que j'en euſſe un plus
grand nombre de Cenſeurs, ce-

la ne m'épouvantera point , & ne me déconcertera nullement , car rien ne me plaît tant qu'un Critique censé, c'est un Précepteur qui me corrige sans me rébuter ; mais le Caustique est un Pédagogue qui loin de m'instruire m'excite à rire.

Lorsque je commençai cette Traduction , j'avois des desseins que je n'ai pas pû remplir , la Saison étant trop avancée , je voulois faire deux Jardins de Botanique l'un suivant Monsieur LINNÆUS, & l'autre suivant Monsieur

CHOMEL, je m'en fuis ténu au prémier pour cette Année, mais l'An prochain j'efpere achever mon eutreprife.

Je ne crois pas que les Connoiffeurs pourront me chicanner fur la quantité des Plantes qu'on trouve dans mon Jardin, puifque j'ai eu le foin d'y mettre les genres & les claffes néceffaires pour remplir le Siftéme de mon Auteur.

LA Botanique eſt une ſcience qui donne la connoiſſance des Plantes.

Le nombre des Végétaux qui croiſſent ſur la ſurface de la terre, ou qui naiſſent au fond des eaux : eſt ce qui rend cette ſcience ſi difficile. Ce n'eſt qu'en étudiant avec méthode qu'on peut eſperer d'y réuſſir, plus cette methode ſera claire, & ſimple, plus les progrès en ſeront rapides.

Jufqu'icy plufieurs grands
BOTANISTES ont propo-
fé les moyens qu'ils ont cru
les plus propres à perfection-
ner cette fcience, leurs travaux ont été d'un grand fe-
cours à ceux qui font venus
après eux; mais parmi ceux
qui ont traité cette matiere,
TOURNEFORT, & LINNÆUS,
font les feuls qui ayent ap-
proché le plus près de la per-
fection, le premier n'ayant
pris pour guide que la nature,
a ouvert un chemin fi facile
au fecond [ qu'à quelque

changement près, dans la nouvelle methode que ce dernier nous donne, ] l'on peut dire que LINNÆUS a touché au but ou tant d'au-tres s'étoient efforcés vai-nement d'arriver.

TOURNEFORT, a pris pour le fondement de son Siftême les Fleurs & les Fruits; mais il s'eft attaché à la figure & à la difpofition de ces Fleurs, & de ces Fruits pour établir des Claffes & des Genres.

LINNÆUS a établi fon

Siftême fur les parties princi-
pales de la fructification , &
a fait entrer dans la defcrip-
tion de fes Genres toutes les
parties qui concourent à la
fructification, & les a déve-
loppée avec tant d'éxacti-
tude que le Graveur ou le
Peintre ne pourroient pas
mieux les faire connoître.

LA BOTANIQUE, a deux
parties.

La premiere eft la con-
noiffance des Plantes.

La feconde eft celle de
leurs vertus.

Connoître les Plantes, c'est précisément sçavoir les noms qu'on leurs a donnés par rapport à la structure de quelqu'unes de leurs parties. Cette structure fait le caractere qui distingue essentiellement les Plantes les unes des autres. l'Idées de ce caractere doit être inséparablement unie au nom de chaque Plante. C'est à la premiere partie de la BOTANIQUE qu'appartient le traité des Genres des Plantes, & celui de leurs Classes.

Il ne fuffit pas de rappor-
ter les Plantes à leurs vé-
ritables Genres, il faut ré-
duire ces mêmes Genres fous
certaines Claffes ; enforte
que l'on puiffe voir d'un coup
d'œil, & comme dans une
carte générale toute la matiere qui fait l'ojet de cette
fcience.

Pour avoir une idée claire
des mots de Claffes , de
Genres, & d'efpeces, il faut
faire attention qu'on entend
en BOTANIQUE par le nom
de Claffes de Plantes, l'amas
de plufieurs genres entre lef-

quels se doivent necessaire-
ment trouver certaines mar-
ques communes qui les diftin-
guent de tous les autres Genres : par exemple dans le Siftême de TOURNEFORT, tou-
tes les Plantes qui ont des
Fleurs semblables à celles des
Féves, forment les Claffes des
Plantes qu'on appelle légumineufes, & dans LINNÆUS,
toutes les Plantes qui n'ont
qu'une feule étamine dans
une Fleur Hermaphrodite
entrent dans la premiere
Claffe de fon Siftême.

Par le mot de Genre de Plantes on entend l'amas de plufieurs Plantes qui ont un caractere commun établi fur la ftructure de certaines parties, qui diftingue effentiellement ces Plantes de toutes les autres : ainfi , le caractere de la *Véronique* eft d'avoir une Fleur *Monopétale* divifée pour l'ordinaire en quatre parties; deux étamines, & le Piftil ou Fruit fait en cœur; ces trois parties qui forment le caractere effentiel de la *Véronique* font

qu'elles

qu'elles different du *Lilac*
qui porte aussi une Fleur
*Monopétale*, avec deux étamines; mais dont le Fruit est
une Capsule Oblongue à
deux Valvudes, & qu'elle
différe du *Bursa Pastoris*,
dont le Fruit est en cœur,
comme celui de la *Véronique*,
mais dont la Fleur est à quatre pétales, & accompagnée
de six étamines.

    Comme les Plantes diffé-
rent entr'elles par quelques
particularités, on appelle
espéces, toutes celles qui,

B

outre le caractére généri-
que, ont quelque chofe de
fingulier qu'on ne remar-
que pas dans les autres Plantes du même genre ; par
exemple : la *Véronique* dont
nous venons de parler, a fes
efpéces fondées fur les feuilles, & fur la pofition des
Fleurs : ainfi on appelle *Ve-
ronica fpicata*, celle dont les
Fleurs font par touffes &
comme en épi. On donne à
une autre le nom de *Veroni-
ca Chamædryos folio*, parce
que les feuilles reffemblent

à celles du *Chamædrys* ou *petit Chêne*. Il en eſt de même
de toutes les dénominations
qu'ont toutes les autres eſ-
péces.

La connoiſſance des ver-
tus des Plantes, qui fait la
ſeconde partie de la Botanique, eſt ſi néceſſaire, &
tout le monde en eſt ſi con-
vaincu, qu'il eſt inutile de
vouloir entreprendre de le
démontrer.

Mais la connoiſſance des
Plantes doit néceſſairement
précéder celle de leurs ver-

tus. Connoître les vertus des
Plantes , c'eſt proprement
connoître les rapports qu'elles ont avec le corps humain.
L'uſage de ces vertus, appli-
qué avec prudence dans la
guériſon des maladies , eſt
le fruit des travaux que doivent ſurmonter ceux qui
veulent acquérir une con-
noiſſance profonde dans une
matiere d'où la Médecine
tire de ſi puiſſants ſecours.

L'ordre naturel veut donc
que l'on commence l'étude
des Plantes par celle de leurs

caractéres; cette étude n'est pas si pénible qu'on le croiroit, quand on si prend avec méthode, & l'on ne peut espérer d'y réussir sans cela; or comme il n'est guéres possible de distinguer les Plantes qui sont d'usage en Médecine, sans en connoître un très-grand nombre d'autres qui leur ressemblent si fort qu'on peut facilement s'y tromper. Il faut donc, si l'on veut être sûr de ses connoissances, suivre une méthode certaine, sur

laquelle les caractéres géné-
riques des Plantes , foient fi
folidement établis qu'on ne
puifle jamais dans la fuite s'y
tromper , tels font les caractéres de LINNÆUS.

# SISTEME
## DE
# *LINNÆUS.*

**L**A divifion fiftématique des Plantes & leur réduc-tion en genres & en efpéces, peu-vent être regardées comme un des articles les plus importans de la la Botanique.

La divifion fiftêmatique des Plantes doit être faite, felon leurs parties premieres, & effentielle-ment néceffaires; or la nature nous apprend elle-même que les piéces qui servent à la fructification font seules dignes de ce nom.

Les parties de la fructification font ou universelles , ou particulieres.

Les universelles font au nombre de deux ; la Fleur & le Fruit.

Les particulieres font au nombre de sept , avec leurs sous-divifions ou espéces.

### §. I.

La Fleur a quatre parties.

La premiere , est le Calice qui fert de soutien ou d'enveloppe aux autres parties de la fleur ; il y en a de six especes. *Le Perianthe,* l'*Involucrum*, l'*Amentum*, ou *Chaton*, le *Spathe*, le *Gluma* ou *Bâle*, &

& le *Calyptra*, ou *Coëffe*.

Le *Perianthe* , eſt cette eſpéce de Calice , très ordinaire , compoſé d'une ou pluſieurs feuilles , qui ſert d'enveloppe à une fleur avant ſon épanouiſſement , & pour l'ordinaire des ſoutiens après , c'eſt ce que le vulgaire nomme bouton , comme dans la *roſe*, *l'œiller* , &c.

L'*Involucrum* eſt une ſorte de calice qui ſoutient pluſieurs fleurs ramaſſées enſemble , & qui on chacune outre cela leur *perianthe* , ou calice propre; ce calice eſt pour ordinaire compoſé de pluſieurs feuilles diſpoſées en rayons , les calices des plantes en *Ombelles* ou *paraſols* ſont de cette ſorte , tels ſont les calices du *Fenouil* , de l'angelique , *du perfil* , &c.

L'*Amentum* eſt une troiſime ſorte de calice qui ſoutient un amas
de fleurs du même ſexe , qui
pour l'ordinaire eſt compoſé d'é-
cailles , & l'on appelle fleurs en
chaton en Latin *Iulus* , *flos Amen-
taceus*, les fleurs qui ſoutiennent
ces ſortes de calices , parce qu'elles ſont attachées ordinairement
ſur de longues queues , & qui ap-
prochent en quelque façon de la
figure de la queue d'un chat, telles
ſont les fleurs du *Noiſetier* , du
*Noyer* , du *Charme* , du *Saule.*

Le *Spathe* eſt une membrane de
differente conſiſtance & de differente figure , qui eſt attachée à la
tige ; elle ſert d'enveloppe à une
ou pluſieurs fleurs ramaſſées en-

femble. Le plus souvent les fleurs
qui font enveloppées d'un *Spathe* ,
n'ont point de calice propre , tels
font les calices des fleurs du *Sa-*
*fran* , de l'*Iris* , du *Perineige* , du
*Narcisse* , de l'*Ail* , de l'*Oignon* , du
*Poireau.*

Le *Gluma* ou *Bâle* , est cette sor-
te de calice qui fert d'enveloppe
au *Froment* , à l'*Avoine* , au *Seigle* ,
& aux *Gramens.*

Le *Calyptra* ou *Coeffe* est une enveloppe déliée , légere & mem-
braneufe , pour l'ordinaire de figure conique , qui fert à couvrir
des fleurs & des femences. Ce calice n'est commun que parmi les
*Mousses.*

La feconde partie de la fleur est
le corolla qui fert immédiatement

d'enveloppe aux parties de la génération : c'eſt cette partie que le vulgaire appelle ordinairement une fleur, lorſque cette fleur eſt d'une ſeule piece , les Botaniſtes lui donnent le nom de *Monopétale*, & de *Polypétale* lorſqu'elle eſt de pluſieurs piéces.

Le *Corolla* ſe ſou-diviſe en *Petale* , & en *Nectarium*.

Le *Petale* eſt cette eſpece de fleur colorée qui ſe préſente d'abord à nos yeux.

Le *Nectarium* eſt une partie qui eſt attachée pour l'ordinaire à quelques eſpeces de fleurs qui ſert comme de réſervoir pour contenir un peu de liqueur mieleuſe. Sa figure varie beaucoup, quelquefois ce n'eſt qu'un petit creux, ou une petite tubercule, comme dans les *Renoncules* , quelquefois ce font des petits fleurons comme dans les *Hellebores*.

La troifiéme partie de la fleur , font les *étamines*.

L'*Etamine* eft l'organe mâle de la génération , il eft compofé de deux parties.

Le *Filet* & le *Sommet*.

Le Filet , *Filamentum* , eft cette partie qui fert de foutien au fommet , la figure & la couleur varient felon l'efpece de la fleur.

Le *Sommet*, *Anthera* , eft cette boffette qui eft au haut du *Filet* ; c'eft cette boffette qui contient la *Farine* ou *Pousfiere fécondante*. c'eft la partie effentielle de l'*Etamine* ; ce font les vrais organes mâles de

la génération des plantes , lorfqu'elles dépofent la *Farine* ou *pouf-*
*fiere fécondante* dont elles font remplies fur le *Stigma* du *Piftil* , que
l'on peut & que l'on doit même
regarder comme la *Matrice* , ou
l'organe femelle de la génération
des plantes , alors fe fait la *fecon-*
*dation.*

La quatriéme partie de la fleur
eft le *Piftil* , c'eft proprement la
*partie femelle* des plantes ; cette
partie a trois efpeces ou fou-di-
vifions , le *Germen* , le *Stile* & le
*Stigma.*

Le *Germen* ou *Embrion* eft cette
partie qui fert à renfermer les femences & leur tient lieu de *Ma-*
*trice* , c'eft la partie la plus ren-
flée du *Piftil.*

Le *Stile* eſt cette partie allon-
gée qui eſt ſur l'*Embrion*.

Enfin le *Stigma* eſt cette petite
partie qui termine le *Stilet* ; il eſt
de differente figure & de differente couleur, quelquefois fort fen-
ſible comme dans la *Tulipe*, où
c'eſt une eſpece de chaperon trian-
gulaire, dans la *Parietaire* c'eſt un
petit point de couleur cramoiſie,
dans quelqu'autres eſpeces, il eſt
moins ſenſible.

## § II.

Le fruit a trois parties, le *Pericarpe*, la *Semence*, le *Receptaculum*,
ou *Soutien*.

Le *Pericarpe* eſt proprement
l'*Embrion* qui a groſſi & qui renferme les ſemences ; il a pluſieurs

efpéces ou fous-divifions, fçavoir,
la *capfule*, la *Silique* ou *Gouffe*, le
*Legumen*, la *Noix*, le *Drupa*, la
*Pomme* & la *Baye*.

Le *Capfule* eft proprement une
efpece de petite boëte qui fertd'enveloppe aux femences, & lorfque
les *Capfules* n'ont qu'une cavité,
on dit fimplement que ce font des
*Capfules*; mais lorfqu'elles en ont
plufieurs féparées par des cloifons
on dit que ce font des *Capfules à
plufieurs loges*, *Capfulæ in plura lo-
culamenta divifæ*, ou bien on en
défigne le nombre par un feulmot,
on dit *Capfula uni locularis*, lorfque la *Capfule* n'eft point divifée;
& fi elle eft divifée en trois, on y
ajoute le mot de *trilocularis*, telles
font les *Capfules* de la *Jacinthe*, du
*Mufcari*, du *Glayeul*, &c.

La *Silique*, *Siliqua* eſt compoſée de deux *Valvules* partagées par
une cloiſon membraneuſe ; lorſque les graines ſont mures, ces
deux *Valvules* ſe relevent & ſe ſé-
parent pour laiſſer à découvert les
ſemences qui ſont attachées à la
cloiſon ; telles ſont les *Siliques* du
*Giroflier*, du *Chou*, de la *Moutarde*
& généralement de toutes les fleurs
en croix.

Le *Legumen* ou *Coſſe* eſt cette
*Gouſſe* oblongue compoſée ordinairement de deux *Coſſes* ou *Valvules* plattes ou convexes, qui é-
tant appliquées l'une ſur l'autre &
collées par les bords, laiſſent entr'elles un interval occupé par les
ſemences.

Le *Legumen* n'a point de cloi-

fon comme la *Silique*, & fes femences font attachées de chaque
côté alternativement au bords des
Valvules. C'eſt le fruit des légu-
mes & des plantes qui ont la fleur
légumineufe : la *Noix* a un *Pericar-*
*pe* fort connu.

Le *Drupe* eſt un *Pericarpe* charnu
qui renferme dans fon milieu un
noyau, tel eſt l'*Abricot*, la *Péche*,
&c.

La *Pomme* eſt une autre efpéce
de *Pericarpe* charnu qui eſt trop
connu pour avoir befoin d'expli-
cation.

La *Baye*, *Bacca* eſt un fruit mol,
charnu, fucculent, qui renferme
des pepins ou des noyaux ; tels
font les fruits du *Solanum*, du *Lier-*
*re*, du *Grofeiller*, &c.

La seconde partie du fruit est la *Semence*, qui a deux parties.

La *Semence* ou *Graine* proprement dite & la *Couronne*.

La *Semence* ou *Graine* varie en figure & en couleur selon les especes de plantes, lorsque cette *Graine* porte quelque chose, on l'appelle *Couronne*, telles sont les graines des *Aster*, de l'*Helycriseum* ou *Immortelle*. Cette couronne est simple, ou forment des branches qui imitent des plumes d'Oiseau.

La troisiéme partie du Fruit est le *Receptaculum*, ou *Soutient*, c'est sur cette partie qu'est appuiée la Fleur, ou le Fruit, ou même toutes les parties qui servent à la *Fructification*. Tels sont les soutiens de toutes les Fleurs radiées, & de toutes les Fleurs compofées.

Voilà en général toutes les parties qui fervent à la fructification, & qui entrent toutes dans la compofition des differentes efpeces de Plantes dont l'auteur de la nature a orné l'univers. Ce font toutes ces parties que M. LINNÆUS a choifi pour compofer fes genres de plantes. Voyons préfentement l'ordre qu'il a fuivi pour établir fes claffes.

# PREMIERE CLASSE.

C'Eſt ſur la difference qui ſe trouve entre les parties qui ſervent à la fructification , que LINNÆUS a établi vingt-quatre claſſes de plantes , il n'a prit pour cela que les parties mâles de la fleur de la plante , c'eſt-à-dire les étamines.

Les fleurs qui n'ont que des *étamines* chargées de ces *Boſſettes* , ou *Sommités* remplies de cette *pouſſiere fécondante* ſe nomment *fleurs mâles.* Celles qui n'ont ſimplement que le *Piſtil* ou le *Stigma* ſont appellées *Fleurs femelles.*

Celles enfin qui ont enſemble dans la même fleur des *étamines* ,

& des *Piſtils* ſont nommées *fleur Hermaphrodites* ; cette derniere eſ pece de fleurs eſt la plus connue, & la plus générale, c'eſt par elle que LINNÆUS a commencé ſes claſſes.

Chaque claſſe eſt ſou-diviſée en ordres differens & ces ordres ſe tirent du nombre de parties femelles de la fleur, c'eſt-à-dire, du nombre des piſtils.

La premiere claſſe eſt compoſée de fleurs hermaphrodites qui n'ont qu'une ſeule étamine avec un ou pluſieurs piſtils.

Le *Cannacorus*, l'*Amomum*, le *Coſtus*, le *Salicornia*, le *Limnopeuce*, ſont de cette premiere claſſe.

## SECONDE CLASSE.

Ette feconde Claffe comprend les plantes qui ont deux *étamines* avec un ou plufieurs *piftils* , c'eft-à-dire, dans une fleur hermaphrodite.

Le *Jafmin* , l'*Olivier* , le *Lilac* , la *Véronique* entrent dans cette claffe.

## TROISIEME CLASSE.

A troifiéme claffe , la quatriéme jufqu'à la dixiéme fe comptent par le nombre des *étamines* qui font dans une fleur *hermaphrodite* ; ainfi la dixiéme claffe renferme des plantes *Hermaphrodites* qui ont dix *étamines*.

## ONZIEME CLASSE.

CEtte claſſe renferme les genres de plantes qui ont douze *étamines* dans une Fleur *Hermaphrodite* de ce nombre ſont le *Cabaret*, la *Salicaire* &c.

## DOUZIEME CLASSE.

LA douziéme Claſſe a des caractéres particuliers.

1° Le *Calice* eſt d'une ſeule piéce concave.

2°. La Fleur eſt attachée par ſon extrémité inférieure aux bords du *Calice*.

3° les *Etamines*, qui ſont plus de douze dans une Fleur *Hermaphrodite bite*, font attachées aux parois du *Calice*, ou de la Fleur.

le *Grenadier*, le *Cerisier*, le *Pru-nier*, l'*Abricotier*, le *Laurier*, la *Ce-rise*, le *Nêflier* le *Pommier*, la *File-pendule*, la *Ronce*, le *Fraisier*; font des genres de cette Classe.

---

## TREIZIEME CLASSE.

LA treiziéme Classe est com-posée de genres de Plantes dont le nombre des *Etamines* est superieur à celui de douze, quel-que foisily en a quinze, vingt, trente, & même davantage, tou-tes les *Etamines* font attachées au *Receptaculum*, & non pas au *Calice* ni à la *fleur* comme dans la Classe précedente, le *Nenufar*, le *Pavot*,

l'éclaire , le *Caprier* , l'*Helianthe-*
*mum* , la *Senfitive* , la *pivoine* , font
des genres de plantes qui appar-
tieenent à cette claffe.

~~~~~~~~~~~~~~~~~~~~~~~~~~~~~~~

# QUATORZIEME CLASSE.

LE caractere effentiel de cette
claffe eft d'avoir quatre *éta-*
*mines* dont deux font un peu plus
courtes que les deux autres , avec
un *piftil* furmonté d'un feul *Stile* ;
ces parties doivent être renfermées
dans une fleur *Monopetale*.

Cette claffe renferme toutes les
plantes que TOURNEFORT appel-
des *fleurs en gueule*, & *fleurs en Mu-*
*fle*.

Pour connoître la différence de

ces fleurs , il faut fçavoir que les
fleurs *en Mufle*, font des *tuyaux* per-
cés ordinairement dans le fond, &
terminés en devant par une efpece
de *mafque* ; le *tuyau* de ces fleurs ,
eft dentelé fur les bords , ou dé-
coupé en cinq parties ; mais c'eft
le *piftil* qui diftingue effentielle-
ment les fleurs en *Mufle* d'avec les
Fleurs en *gueule* dans les Fleurs en
Mufle , le *piftil* devient une *capfule*
toute diférente du *Calice*, & cette
*capfule* renferme les femences , au-
lieu que dans les fleurs en gueule,
le *piftil* eft compofé de quatre *em-
brions* qui deviennent autant de
femences auxquelles ce même *calice* fert de *capfule*.

Les Fleurs du *Mufle de veau* , de
la *Linaire*, de l'*Eufraife* ; du *Me-*

*Pampyrum*, de la *Scrophulaire*, de la
*Digitale*, font des *fleurs* en *Mufle*;
& toutes ces fortes de fleurs ont
leurs *Semences* cachées & enveloppées, mais les *Fleurs en gueule*, telle
que la *Bugle*, la *Germandrée*, la *Sa-
riette*, la *Lavande*, la *Meliffe*, la
la *Betoine*, l'*Hormin*, &c. ont leurs
*Semences* à découvert au nombre
de quatre, ce qui eft un nombre
fixe dans les *Fleurs en gueule*.

❖ ❖ ❖ ❖❖❖❖❖❖❖❖ ❖❖❖❖❖❖❖❖

# QUINZIEME CLASSE.

TOURNEFORT a nommé le
Fleurs de cette Claffe
Fleurs en croix, parce qu'elles
font toutes compofées de quatre
*Petales*, placées alternativement

& forment une eſpéce de *Croix.* Cette Claſſe ſe diſtingue par un *Calice* compoſé de quatre feuilles.

Les Fleurs ſont à quatre *Petales* placées *en Croix,* les *Etamines* ſont au nombre de ſix. Mais il y en a deux plus courtes que les deux autres, & placées plus bas.

*Le Fruit* eſt une *Silique* longue ou ronde partagée en deux *Valvules* par une *Cloiſon Membraneuſe* ou ſont attachées les *Semences,* qui ſont arrondies. Le *Creſſon,* le *Thlaspi,* le *Burſa Paſtoris,* l'*Alyſon,* la *Lunaire,* la *Giroflée,* la *Julienne,* le *Raifort,* la *Moutarde,* le *Chou,* la *Rave,* &c. ſont des genres de Plantes de cette Claſſe.

✠✠✠✠✠✠✠✠✠✠✠✠✠✠✠✠✠✠✠✠✠

# SEIZIÉME CLASSE.

CEtte Claſſe comprend tous les genres de Plantes dont les *Etamines* ſont ramaſſées en un ſeul corps avec des *Fila-ments*, la *Mauve*, *la Guimauve*, ſont de cette Claſſe.

✠✠✠✠✠✠✠✠✠✠✠✠✠✠✠✠✠✠✠✠✠

# DIX-SEPTIÉME CLASSE.

LA dix-ſeptiéme Claſſe ren-ferme preſque toutes les Plantes qui portent des *Fleurs Légumineuſes*; ces *Fleurs* ont en quelque maniere la figure d'un *Papillon-Volant*; c'eſt pourquoi on les nomme en latin *Flores-papi-*

*Ionacei*, elles font compofées de quatre à cinq *Feuilles*, la *Feuille* fupérieure s'appelle *Vexillum*, ou *Etendart*, la *Feuille* inférieur eft double & a été nommée *Carina* en latin, parce qu'elle a la figure du fond d'un bateau, les *Feuilles* qui fe trouvent entre la *Feuille* fuperieur, & la *Feuille* inferieur ont reçû le nom de *Feuilles Laterales*, en latin *ala*; le *Calice* des *Fleurs Légumineufes* eft d'une feule piéce, renflé à la bafe.

Les *étamines* font au nombre de dix; il y a *neuf* de ces *Etamines*, qui font foutenües par une *Guaine Frangée*; & la dixiéme eft placée en devant, & plus bas, au milieu de cette *Guaine Frangée* eft placé le *piftil*, ce *piftil* devient toujours le *Fruit* & ce *Fruit* s'appelle la *Cosse*, tel est le *pois* l'*Haricot*, le *Baguenaudier*, l'*Astragale*

---

## DIX-HUITIÉME CLASSE.

LA dix-huitiéme Classe comprend les Plantes *Hermaphrodites*, dont les *Etamines* sont ramassées en trois ou plus grand nombre de paquets, le *Mille-Pertuis*, l'*Ascyrum*, l'*Oranger*, le *Citronier*, appartiennent à cette Classe.

---

## DIX-NEUVIEME CLASSE.

LA dix-neuviéme Classe renferme tous les genres de Plantes connues sous le nom de

*Fleurs*

*Fleurs composées*, ou des *demi-Fleu-rons*, ou des deux ensemble qu'on nomme *Fleurs radiées*.

LINNÆUS a rangé dans cette claſſe toutes les plantes dont les *Fleurs* ont les *ſommités* des *étamines* réünies en forme de *Cilindre*.

On appelle *Fleurs* à *Fleurons* des eſpeces de *tuyaux* évaſés en haut, & découpés en quatre ou cinq pointes; la plupart des *Fleurons* por-tent ſur un *embryon* de *graine*.

Les *demi-Fleurons* ſont des eſ-peces de feuilles colorées qui ſer-vent à former la *couronne* des *Fleurs* radiées, ces *feuilles* ſont un peu *fiſ-tuleuſes* par en bas & *plattes* dans le reſte.

Les *étamines* de ces ſortes de *fleurs* ſont d'une ſtructure particu-

C

liere , elles font toujours au nombre de *cinq* , ce font toujours *cinq*
*petits filets* qui naiffent des parois
internes du *demi fleuron* , qui portent fur un *embrion de graine*. Ces
*cinq filets* foutiennent un *tuyau ci-
lindrique* ou efpece de *gaine* à laquelle font attachées les *Antheres*
ou *Boffettes* , au travers de cette
*gaine* paffe le *ftile* qui pour l'ordinaire eft toujours divifé en deux
parties.

LINNÆUS a fait quelque différence dans la diftribution des
ordres de cette claffe. Il appelle
*poligame* , une *fleur* compofée de
plufieurs *fleurons*. Il nomme *poligame égale* celle dont les *fleurs* font
*hermaphrodites* dans le *difque* &
dans les *rayons* de la *fleur*. Dans

cet ordre se trouvent la *Lamp-
sane*, la *chicorée*, la *laitue*, la *pilo-
selle*, le *pissenlit*, la *bardane*, la *San-
toline*.

Il appelle *Poligame superfluë* celle dont les *fleurons* du disque sont
*Hermaphrodites* & les *fleurons* des
*rayons femelles*, telle est l'*Immortelle*, l'*absinthe*, le *pas d'âne*, le
*seneçon*, la *matricaire* & il se sert du
mot de *poligame nécessaire*, lorsque
les *fleurons* du *disque* sont *mâles*, &
ceux des *rayons femelles*, le *souci*,
la *boulette* sont de cet ordre.

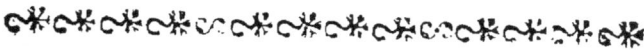

## VINGTIEME CLASSE.

Dans la vingtiéme classe sont
renfermées les plantes qui
portent une *fleur* dont les *etamines*
sont attachées au *pistil*, & non au

*Receptaculum*. L'*helleborine*, *La double Feuille*, le *Sabot*, font de cette claſſe.

---

## VINGT-UNIE'ME CLASSE.

LA vingt-uniéme claſſe renferme des Plantes qui portent à la fois des *Fleurs Males* & *Femelles*. Le *Mays*, la *Larme de Job*, l'*Ortie*, l'*Aune*, le *Bouis*, le *Murier* font de cette claſſe.

---

## VINGT-DEUXIEME CLASSE.

SI ces *Fleurs Mâles*, & *Femelles* font fur des Plantes féparées, alors ces Plantes appartiénnent à la vingt-deuxiéme claſſe, telle eſt le *Saule*, le *Guy*, le *chanvre*, l'*Epinars*, l'*houblon*, *la Mercuriale* &c.

## VINGT-TROISIEME CLASSE.

LA vingt-troisiéme claſſe eſt compoſée de genres de plan-tes qui ont des *Fleurs Hermaphro-dites*, & *Mâles* ou *Femelles*, qui ſe trouvent à la fois dans une même eſpece, la *Parietaire*, l'ar-*roche*, &c. ſont dans cette claſſe.

## VINGT-QUATRIEME CLASSE.

LA vingt-quatriéme claſſe renferme toutes les Plantes cachées dans ce qu'on appelle communement le *Fruit*, comme la *Figue*, ou dont les *Fruits* ſont ſi petits qu'ils ne peuvent être apperçûs, telles ſont les *Fougeres*, des *Mouſſes*, les *Champignons*, &c.

F I N.

# TABLE
## DES NOMS LATINS.

| A. | | Angelica, | 11 |
|---|---|---|---|
| | | Anifum, | 13 |
| Abies, | 41 | Anonis, | 31 |
| Abfinthium, | 36 | Aparine, | 4 |
| Acanthus, | 28 | Apium, | 13 |
| Acer, | 16 | Apocinum, | 9 |
| Acetofa, | 15 | Aquilegia, | 23 |
| Aconitum, | 23 | Arbutus, | 18 |
| Adiantum, | 45 | Argemone, | 22 |
| Agrimonia, | 20 | Ariftolochia, | 39 |
| Alcea, | 30 | Armeniaca, | 20 |
| Alchemilla, | 5 | Artemifia, | 36 |
| Alkekengi, | 9 | Arum, | 39 |
| Allium, | 14 | Arundo, | 3 |
| Aloë, | 15 | Afarum, | 19 |
| Alfine, | 18 | Afclepias, | 19 |
| Amaranthus, | 40 | Afparagus, | 15 |
| Ambrofia, | 40 | Afperugo, | 6 |
| Anacampferos, | 19 | After, | 37 |
| Anagallis, | 7 | Aftragalus, | 32 |
| Anagyris, | 31 | Attriplex, | 44 |
| Anchufa, | 6 | Avena, | 3 |
| Anemone, | 24 | Aurantium, | 33 |
| Anetum, | 12 | Auricula urci, | 7 |

D

E

| | | | |
|---|---|---|---|
| Thymus, | 25 | Valerianella , | 2 |
| Tinus , | 13 | Veratrum , | 43 |
| Tilia , | 22 | Verbascum, | 8 |
| Tithymalus, | 23 | Verbena, | 2 |
| Tragacanta, | 32 | Viburnum , | 13 |
| Tragopogon, | 34 | Viola, | 38 |
| Tragoselinum, | 13 | Virga Aurea, | 37 |
| Tribulus, | 18 | Vitex, | 28 |
| Trichomanes, | 45 | Vitis idæa , | 16 |
| Trifolium , | 32 | Ulmaria, | 21 |
| Triticum , | 3 | Ulmus , | 10 |
| Tulipa, | 14 | Urtica, | 40 |
| Tussilago , | 36 | Vulneraria, | 32 |

## V.        X.

Valeriana , 2     Xanthium , 40

## F I N.

# TABLE

## DES NOMS FRANÇOIS.

F I N.

# PREMIERE CLASSE.

**1.** **H**IPPURIS. *Limno-*
*peuce*. V. la Peffe d'eau. Vulnér.
Aftring.
**2.** *Corifpermum*. A. Juff.
*Stellaria*, D.
Hepatiq.

---

# SECONDE CLASSE.

**1.** **J**ASMINUM. **T.** le
Jafmin.
Bechique
**2.** *Liguftrum*, T. le Troëne. Pectorale
**3.** *Lilac*. T. le Lilac.
Vulner.
Aftring.

a

4. *Gratiola*. D. la Gratiole, Herbe à pauvre homme. — Purgativ.

5. *Becabunga*. Riv. la Véronique d'eau. — Anti-scorbutiq.

6. *Rofmarinus*. T. le Romarin. — Cephal.

7. *Verbena*. V. la Verveine. — Ophtalm.

8. *Salvia*. T. la Sauge. — Cephal.

## TROISIEME CLASSE.

1. *Valeriana*. T. la Valeriane. — Hiftériq.

2. *Valerianella* T. la Mache, Blanchette, Poule graffe, Salade de Chanoine. — Rafraich.

3. *Crocus*. T. le Safran.  Hifteriq.

4. Gladiolus.  T.  le Glaieul.  Emoll.

5. *Iris*. T. la Flambe , ou Iris.  Purgat.

6. *Cyperus*. T. le Souchet.  Hifteriq.

7. *Milium*. L. le Millet , mil.  Rafraîch

8. *Avena*. T. l'Avoine.  Réfolut.

9. *Arundo*. T. le Rofeau.  Hifteriq.

10. *Triticum*. T. le Fro-ment, Blé.  Refo

11. *Secale*. T. le Seigle.  *Idem,*

12. *Hordeum*. T. l'Orge.  *Idem.*

❧❦❧❦❧❦❧❦❧❦❧❦❧❦❧❦❧❦❧❦❧❦❧❦❧

# QUATRIÉME CLASSE.

1. *Dipsacus*. T. le Chardon à bonnetier, ou à foulon.                    Ophtal.

2. *Scabiosa*. T. la Scabieuse.                                        Diaphor.

3. *Succisa*. V. le Remors du Diable.                                  Idem.

4. *Gallium*. T. le Caillelait, ou petit Muguet.            Cephal.

5. *Apparine*. T. le Gratteron, Riéble.                          Apérit.

6. *Rubia*. T. la Garence.    Idem.

7. *Plantago*. T. le Plantain.                                                Vuln.aft.

8. *Coronopus*. T. la Corne de cerf.                              Vuln.aft.

9. *Psyllium* **T.** l'Herbe
aux Puces.         Rafraich.

10. *Cornus.* **T.** le Cor-
nouiller.         Vuln. aft.

11. *Alchemilla.* **T.** le Pied
de lion.         Vuln. aft.

12. *Cuscuta.* la Cuscute,
Goutte, ou Augure
de lion.         Hepatiq.

13. *Ilex Dodonæi.* Pli. le
Houx.         Emoll.

# CINQUIEME CLASSE.

1 *Eliotropium.* **T.**
l'Heliotrope, Herbe
aux verrues.         Vul. det.

2. *Lithospermum.* T. le Gre-
mil, Herbe aux perles.   Aperit.

3. *Buglossum.* T. la Bu-
glosse.

Béchique

4. *Anchusa.* T. l'Orca-
nette.

Idem.

5. *Cynoglossum.* T. la Ci-
noglosse, Langue de
chien.

Rafraîch.

6. *Symphytum.* T. la
grande Consoude,
Oreille d'âne.

vuln. ast.

7. *Borrago.* T. la Boura-
che.

Béchique

8. *Echium.* T. la Vipe-
rine, Herbe aux Vi-
peres.

Idem.

9. *Asperugo.*

10. *Pulmonaria.* T. la Pul-
monaire.

Bechique

11. *Primula veris* T, la

Primevere , Fleur de
coucou.                    Cephal.

12. *Auricula urei.* T. l'O-
reille d'ours.             Vuln.aft.

13. *Menyanthes.* T. le Me-
niante , Trefle d'eau.     Anti-Sc.

14. *Lyſimachia.* T. la Cor-
neille , Chaſſeboſſe.      Febrif.

15. *Anagallis.* T. le Mouron.                       Cephal.

16. *Convolvulus.* T. le Li-
ſeron.                     Purgativ.

17. *Campanula.* T. la
Campanule gantelée ,
ou Gand notre-dame. Vulner.

18. *Rapunculus.* T. la Rai-
ponce.                     Rafraîch.

19. *Caprifolium.* T. le
Chevrefeuil,               Vul. det.

20. *Jalapa.* T. le Jalap. belle de nuit.      Purgat.

21. *Stramoninm.* T. la pomme épineuse.      Affoupif.

22. *Hyoscyamus.* T. la Juf-quiame. Hanne-banne. *Idem.*

23. *Nicotiana.* T. le Ta-bac. Herbe à la Reine. Errh. fte.

24. *elladona.* T.      Affoupif.

25. *Mandragora.* T. la Mandragore.      *Idem.*

26. *Verbafcum.* T. Bouil-lon-blanc. Moléne , Bon-homme.      Emoll.

27 *Blattaria.* T. L'herbe aux Mittes.      Vul. det.

28. *Cyclamen.* T. le Pain de Pourceau,      Purgat.

29. *Solanum.* T. la Pomme d'Amour.     Assoupis.

30. *Physalis-alkekengi* T. le Coqueret– Alkekenge.     Aperit.

31. *Hedera.* T. le Lierre.     Vul. det.

32. *Vitis.* T. la Vigne.     Bechique

33. *Grossularia.* T. le Grofeillier.     Rafraîch.

34. *Pervinca.* T. la Pervenche.     Vul. aftr.

35. *Nerium.* T. le Laurier rofe.     Errh.fte.

36. *Afclepias.* T. le Dompte-Venin.     Alexitere

37. *Periploca Monfpeliaca.* T. la Scamonée de Montpellier.     Purgat.

38. *Apocinum.* L. l'Apocin qui porte la Houette.

39. *Herniaria.* T. la Tur-
quette, Herniole, Her-
be du turc.  Aperit.

40. *Chenopodium.* T. la
pate d'Oye.  Hifteriq.

41. *Beta.* T. la Poirée ,
bette.  Emoll.

42. *Salfola.* T. la Soude ,
Salicote, la Marie.  Vul. det.

43. *Gentiana.* T. la Gen-  Febrif.
tienne.

44. *Centaurium minus.* T. la
petite Centaurée.  Idem.

45. *Ulmus* T. l'Orme.  Vul. aftr.

46. *Crygicum.* T. le Pani-
caut , Chardon Roland
Chardon à cent têres.  Aperit.

47. *Sanicula* T. Sanicula.  vul. aftr

48. *Daucus.* T. la Carotte.  Carmin.

49. *Chrytmum.* T. la Ba-
cile, Paſſepierre, Fe-
nouil marin, l'herbe de
Saint Pierre.       Aperit,

50. *Cicuta.* T. la Cigue.    Aſſoupiſ,

51. *Peucedanum.* T. Queue
de pourceau, Fenouil
de porc.       Bechique

52. *Liguſticum.* T. la Li-
veche, ou Ache de
Montagne.       Carmin,

53. *Ferula.* T. La Ferule.   Hiſteriq,

54. *Angelica. Riv.* l'Angelique.       Diaphor,

55. *Sium.* T. la Berle, ou
Ache d'eau.       Anti-ſco,

56. *Cuminum.* T. le Cu-
min.       Carm'n,

57. *Oenanthe.* T.       Aperit,

58. *Cicutaria.* T. la Cicu-
taire,                                          Affoupif.

59. *Buplevrum.* T. l'Oreil-
le de Lievre.                              Errh.fter.

60. *Scandix.* Aiguille ou
peigne de Venus.                        Vul. ape.

61. *Cicuta aquatica. Wepfr.*
la Cigue d'eau.

62. *Cherophillum,* T. le
Cerfeuil.                                      Hépatiq.

63. *Seseli.* T. le Seseli.          Carmin.

64. *Imperatoria.* T. l'Im-
peratoire, Auftruche,
Benjoin François.                        Diaphor.

65. *Sphondylium.* T. la Ber-
ce fauffe brancurfine.              Emoll.

66. *Paftinaca.* T. le Panais.   Carmin.

67. *Smirnium.* T. le Maceron,   Ape.

68. *Anetum* T. l'Anet.             Carmi.

69. *Fœniculum*. T. le Fenouil. Aperit.

70. *Tragoselinum*. T. le Boucage , persil de Bouc. *Idem.*

71. *Apium*. T. l'Ache, & Celeri. *Idem.*

72. *Anisum*. Riv. l'Anis. Carmin.

73. *Rhus*. T. le Sumac. Vul. astr.

74. *Cotinus*. T. le Fustet. *Idem.*

75. *Tinus*. T. le Laurier tin. Cephal.

76. *Viburnum* T. la Viorne , herbe aux gueux. Vul. det.

77. *Opulus*. T. l'Obier. Purgat.

78. *Sambucus*. T. le Sureau Purgat.

79. *Tamarix* T. le Tamaris Aperit.

b

80. *Staphilodendron.* T. le nez coupé.

81. *Linum.* Y. le Lin.  Emoll.

82. *Ros Solis.* T. le Roſſolis, Roſée du ſoleil.  Bechiq.

---

# SIXIEME CLASSE.

1. **N**arciſſus. T. le Narciſſe.  Emoll.

2. *Allium.* T. l'ail.  Alexiter.

3. *Cepa.* T. l'Oignon.  Aperit.

4. *Porrum.* T. le Poireau. *Idem.*

5. *Lilium.* T. le Lis.  Emoll.

6. *Corona Imperialis.* T. la Couronne Impériale. *Idem.*

7. *Tulipa.* T. la Tulipe.

8. *Asparagus*. T. l'Asperge   Aperit.

9. *Convallaria*. T.        Cephal.

10. *Polignatum*. T. le sceau
    de Salomon.        Vul. astr.

11. *Hyacinthus*. T. la Ja-
    cinte.

12. *Muscari*. T.

13. *Aloë*. T. l'Aloë.        Purgat.

14. *Acetosa*. T. l'Oseille ,
    Surelle , Vinette.        Aperit.

15. *Lapathum*. T. la Pa-
    tience , Parelle.        *Idem.*

---

# SEPTIEME CLASSE.

1. *H yppocastanum*. T.
   le Maronnier d'inde.    Errh. ster.

# HUITIÉME CLASSE.

1. *C Ardamindum.* T. la Capucine. — Anti-fco.

2. *Acer.* T. l'Erable. — Vul. aftr.

3. *Ruta.* T. la Rue. — Hifteriq.

4. *Laureola.* T. la Laureole. — Purgat.

5. *Chamænerion.* T. petit Laurier-rofe, herbe de S. Antoine. — Vul. det.

6. *Vitis Idæa.* l'airelle, raifin de bois, Morets. — Vul. aftr.

7. *Perficaria.* T. la Perficaire. — Vul. det.

8. *Biftorta.* T. la Biftorte. — Vul. aftr.

9. *Polygonum*. T. la Re-
nouée , Trainasse.          vul. astr.

10. *Fagopyrum*. T. le Sar-
rasin.                      Resolut.

11. *Herba Paris*. T. Rai-
sin de Renard.             Alexitere

---

# NEUVIEME CLASSE.

1r *L*aurus. T. le lau-
rier.                      Cephal.

2. *Rhabarbarum*. T. la
Rhubarbe.                  Purgat.

---

# DIXIEME CLASSE.

1. *F*raxinella. T. la
Fraxinelle, ou Dictam
blanc.                     Alexitere

b iij

2. *Fabago*. T.

3. *Tribulus*. T. Macres Cornouelles, Chateignes d'eau, Corniches, Echarbots. Vul. aftr.

4. *Pyrola*. T. la Pirole, Trufle d'eau. Idem.

5. *Arbutus*. T. l'Arbousier.

6. *Caryophillus*. T. l'œillet. Alexitere

7. *Saponaria* la Saponaire. Vul. det.

8. *Saxifraga*. T. la Saxifrage Percepierre. Aperit.

9. *Alsine*. T. la Morgeliline, ou Mouron. Rafraîch.

10. *Myosotis*. T. Oreille de Souris.

11. *Coronaria* L. la Co-
quelourde.                    Errh. ster

12. *Oxalis*. T. l'Alleluia,
pain à Coucou.               Alexitere

13. *Sedum*. T. la Jou-
barbe.                       Rafraich.

14. *Phytolacca*. T.         Assoupis.

15. *Anacamseros* T. l'Or-
pin, reprise, grassette,
joubarbe des vignes,
féve épaisse.                Vul. astr.

16. *Cotyledon*. T. Nom-
bril de Venus.               Rafraich.

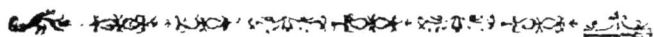

## ONZIEME CLASSE.

1. *A Sarum* T. Caba-
ret, Oreille d'homme. Purgat.

2. *Salicaria.* T. la Salicaire.

3. *Agrimonia.* T. l'aigre-
moine.

4. *Sempervivum.* T.

Hepatiq.

Rafraîch.

❀❀❀❀❀❀❀❀ ❀❀:❀❀:❀❀❀❀❀❀

# DOUZIEME CLASSE.

1. *C Ereus.* A. Juff.
le Cierge , ou Flam-
beau du Perou.

2. *Punica.* T. le Grena-
dier.

Vul. aftr.

2. *Myrtus* T. le Mirte.

Idem.

4. *Perfica.* T. le pêcher. ·

Purgat.

5. *Armeniaca.* T. l'abricotier.

Bechique

6. *Prunus.* T. le Prunier.

Purgat.

7. *Laurocerasus*. T. le Laurier-cerise.     Cephal.

8. *Syringa*. T.

9. *Pyrus*. T. le Poirier.     Vul. aftr.

10. *Malus*. T. le Pomier.     Bechique

11. *Cydonia*. T. le Coignaffier.     Vul. aftr.

12. *Filipendula*. T. la Filipendule.     Aperit.

13. *Ulmaria*. T. la Reine des prez.     Diaphor.

14. *Mespilus*. T. le Neflier.     Vul. aftr.

15. *Rosa*. le Rosier.     *Idem.*

16. *Rubus*. T. la ronce.     Vul. det.

17. *Fragaria*. T. le Fraisier.     Aperit.

18. *Quinquefolium*. T. la Quinte-feuille.     Vul. aftr.

19. *Pentaphilloides.* T, l'Ar-
gentine.                                    Febrifug.

20. *Caryophyllata.* T. la Be-
noite.                                      *Idem.*

❖•❖•❖ ❖•❖•❖•❖•❖•❖•❖•❖•❖•❖•❖•❖•❖•❖

# TREIZIEME CLASSE.

1. *N* *Imphæa.* T. le
Nenufar.                                    Rafraîch.

2. *Argemone.* T. l'Arge-
mone , Pavot du Me-
xique , ou Chardon
bénit des Américains.  Aſſoupiſ.

3. *Papaver.* T. le Pavot.  Aſſoupiſ.

4. *Chelidonium.* T. la
Chelidoine , ou Eclai-
re.                                         Ophtalm.

5. *Tilia.* T. le Tilleul ,
Tillau.                                     Cephaliq.

6. *Portulaca.* T. le Pour-
pier.                          Rafraîch.

7. *Tythimalus*, *Esula. Riv.*
Le Titimale , grande
Esule.                         Purgativ.

8. *Mimosa.* T. laSensitive.

9. *Pæonia.* T. la Pivoine. Cephaliq.

10. *Reseda.* T. l'Herbe
Maure.                         Resolut.

11. *Luteola.* T. la Gaude ,
ou herbe à jaunir.            Febrifug.

12. *Delphinium.* T. le
Pied d'alouette.             Ophtalm.

13. *Staphisagria.* T. Sta-
phisaigre , Herbe aux
poux.                          Errh.ster.

14. *Aconitum.* T. l'Aco-
nit.                           *Idem.*

15. *Aquilegia.* l'Ancolie ,

Gants de Notre-Dame  Aperitiv.

16. *Nigella.* T. la Nielle.  *Idem.*

17. *Hepatica.* D. l'Hépati-
que.                          Hepatiq.

18. *Pulſatilla.* T. la pulſa-
tile.                         Errh.ſter.

19. *Anemone.* D. la Silvie.  *Idem.*

20. *Clematis.* T. la Cle-
matite.                       Hiſteriq.

21. *Thaliȼtrum.* T. la Rue
des Prez.                     Vul. aſtr.

22. *Ranunculus* L. la Re-
noncule , Bacinet ,
Crenouillette , pié de
Corbin ou pié de coq.  Vul. det.

23. *Populago.* T.

24. *Helleborus.* T. l'Elle-
bore.                         Purgativ.

QUA-

## QUATORZIEME CLASSE.

1. *B*UGula. T. la Bugle, ou petite confoude.   Vul. aftr.

2. *Chamædris*. T. la Germandrée, petit chêne.   Febrifug.

3. *Thymus*. T. le Thim.   Cephaliq.

4. *Satureia.* T. la Sarriette.   *Idem.*

5. *Serpyllum.* T. le Serpolet.   *Idem.*

6. *Majorana.* T. la Marjolaine.   *Idem.*

7. *Lavandula.* T. la Lavande   *Idem.*

8. *Hyſſopus.* T. l'Hiſope.   *Idem.*

C

9. *Melissa.* T. la Melisse, citronelle.    Histeriq.

10 *Scordium.* B. Scordium ou Chammarraz, Germandrée d'eau.    Diaphor.

11. *Hedera terrestris.* Riv. la Terrette, Rondotte, Lierre terrestre, Herbe de Saint Jean.    Béchique

12. *Pulegium.* B.    Cephal.

13. *Cataria.* L. la Cataire, herbe au Chat.    Histeriq.

14. *Betonica.* T. la Betoine.    Cephal.

15. *Mentha.* T. la Mente.    Stomach.

16. *Ocimum.* T. le Basilic.    Cephal.

17. *Lamium.* T.    Résolut.

18. *Galeopsis.* D.    Idem.

19. *Stachys.* T.    Idem.

20. *Cardiaca.* T. l'Agri-
paume.                                    Alexitere

21. *Marrubium.* T. le Mar-
rube.                                      Histeriq.

22. *Ballota.* T.                          Idem.

23. *Phlomis.* T. le Phlo-
mis, Sauge fauvage.           Vul. det.

24. *Brunella.* T. la Bru-
nelle.                                     Vuln. aft.

25. *Caffida.* T. la Toque.  Febrif.

26. *Linaria.* Riv. la Linaire, ou lin fauvage.        Emoll.

27. *Antyrrhinum.* T. le Mufle de Veau.

28. *Orobanche.* T. l'Oro-
banche.                                  vul. aftr.

29. *Scrophularia.* T. la Srophulaire, herbe du fié-
ge.                                          Refolut.

30. *Digitalis*. T. la Digitale.

Cephaliq.

31. *Vitex*. T.

Hifteriq.

32. *Acanthus*. T. l'Acan-
te ou branc-Urſine.

Emoll.

33. *Melianthus*. T. le Me-
liante.

---

# QUINZIÈME CLASSE.

1. $T$*hlaſpi*. T. Roſe de
Jerico.

Alexitere

2. *Eruca*. la Roquette.

Anti-ſcor.

3. *Cochlearia*. T. l'Herbe
aux Cuillieres.

Idem.

4. *Burſa Paſtoris*. T. Ta-
bouret, Mallete, Bour-
ſe de Paſteur.

Febriſ.

5. *Thlaspi*. T. Thlaspi ou
Taraspic.                     Alexitere

6. *Iberis*. D. la Passerage. Anti-scor

7. *Lunaria*. T. la Lunaire. Vul. ape.

8. *Erysimum*. T. le Ve-
lar, Tortelle, Herbe
au Chantre.                  Bechique

9. *Leucoium*. T. le Giro-
flier.                       Histeriq.

10. *Hesperis* T. la Julienne. Anti-scor

11. *Raphanus*. T. le Rai-
fort.                        Aperitiv.

12. *Rapa*. T. la Rave.       Bechique

13. *Napus*. T. le Navet.     *Idem*,

14. *Brassica*. T. le Chou.   *Idem*.

15. *Sinapi*. T. la Moutarde. Errh. ste.

16. *Sisymbrium*. T. Her-
be de Ste. Barbe.            Vul. det.

17. *Nasturtium.* T. le Cresson alenois.     Anti-scor

⁂+⁂+⁂+⁂+⁂+⁂+⁂+⁂+⁂+⁂+⁂+⁂

## SEIZIEME CLASSE.

1. G *Eranium* T. le bec de Grüe ou de Cicogne.     vuln. ast.

2. *Malva* L. la Mauve. Emoll.

3. *Alcea.* T. l'Alcée.     Idem.

4. *Althæa.* T. laGuimauve. Idem.

⁂+⁂+⁂+⁂+⁂+⁂+⁂+⁂+⁂+⁂+⁂+⁂

## DIX-SEPTIEME CLASSE.

1. F *Uimaria.* T. la fume terre, ou fiel de terre. Hépatiq.

2. *Polygala.* T. le Poligala.

3. *Galega*. T. le Galega, ou rue de Chevre.     Alexitere

4. *Genista*. T. le Genest.     Aperit.

5. *Securidaca*. T. le Securidaca.     Purgat.

6. *Lupinus*. T. le Lupin.     Resolut.

7. *Anonis*. T. l'Arreste, Beuf, Bugrande.     Aperit.

8. *Cytisus*. T. le Citise.     Histeriq.

9. *Anagyris*. T. le Bois puant.     Idem.

10. *Ulex*. T. le Jonmarin.

11. *Phaseolus* l'Haricot.     Resolut.

12. *Faba*. T. la Feve.     Idem.

13. *Pisum*. T. le Pois.     Idem.

14. *Orobus*. T. l'Orobe.     Idem.

15. *Vicia*, T. la Vesse.     Idem.

16. *Lotus*. T. le Lotier.     Vul. det.

17. *Vulneraria.* T. la Vul-
néraire.                                    Vul.aper.

18. *Lens.* T. la Lentille.      Refolut.

19. *Trifolinm.* T. le Tre-
fle.                                             Ophtal.

20. *Melilotus.* T. le Me-
lilot ou Mirlirot.              Carmin.

21. *Aftragâlus.* T. l'Af-
tragale.

22. *Tragacantha.* T. la
Tragacante , Barbe de
Renard.                                    Rafraîch.

23. *Colutea.* T. le Baguenaudier ou faux Sené.   Purgativ.

24. *Medicago.* T.

25. *Glycyrriza.* T. la Re-
gliffe.                                        Béchique

26. *Onobrychis.* T. le Sain-
foin.                                          Refolut.

27. *Ornithopodium.* **T.** le
Pied d'Oiseau.  Carmin.

❖❖❖❖❖❖❖❖❖❖❖❖❖❖❖❖❖❖❖❖❖❖

# DIX-HUITIEME CLASSE.

1. *Citrus.* **T.** le Citronnier.  Alexitere

2. *Hypericum.* **T.** le Millepertuis.  Aperit.

3. *Aurantium.* **T.** l'Oranger.  Alexitere

# DIX-NEUVIÉME CLASSE.

1. *Actuca.* **V.** la Laitue  Rafraîch.

2. *Chondrilla.* **T. V.** la Condrille.  Idem.

3. *Pilofella*. V. la Pilofel-
le.                                    Vul. aftr.

4. *Dens Leonis*. V. le Pif-
fenlit , Dent de lion.    Diurect.

5. *Scorzonera* V. la Scor-
zonere , Cercifi d'Ef-
pagne.                          Diaphor.

6. *Tragopogon*. T. la Bar-
bouquine , Barbe de
Bouc.                              Idem.

7. *Scolymus*. T. V. l'E-
pine jaune.

8. *Sonchus*. V. le Laitron.

9. *Lampfana*. V. la Lam-
pfane.                            Vul. det.

10. *Cichorium*. T. V. la
Chicorée.                      Rafraich.

11. *Catananche*. T. la Cu-
pidone.

12. *Echynops.* T. V. l'E-
chinope. , la Boulette. Aperit.

13. *Lappa.* T. V. la Bardane , Gloutteron. Aperit.

14. *Onopordum.* V. Char-
don hémorroïdal , ou
Chardon aux Anes. Refolut.

15. *Carduus.* T. V. le Chardon bénit. Diaphor.

16. *Cinara.* T. l'Artichaut. Apérit.

17 *Carlina.* T. V. la Car-
line , Cameleon blanc.
ou Chardonnerette. Alexitere

18. *Serratula,* D. la Sarre-
te. Refolut.

19. *arthamus.* T. V. le
Cartame. Purgativ.

20. *Conyza.* V. la Conife. Hiftériq.

21. *Eupatorium* T. V. l'Eupatoire d'Avicenne.      Hepatiq.

22. *Tanacetum*. T. V. la Tanefie.      Stomach.

23. *Bidens* T. V. le Chanvre aquatique.      Errh. fte.

24. *Gnaphalium*. V. Pied de Chat.      Bechique

25. *Helichryfum*. V. l'Immortelle.

26. *Abfinthium*. T. V. l'Abfinte.      Stomach.

27. *Artemifia*. T. V. l'Armoife.      Hifteriq.

28. *Tuffilago* T. V. le Pas d'Ane, Tuffilage.      Bechique

29. *Tagetes*. T. V. l'Œillet d'Inde.

30. *Jacobæa.* T. V. B. Ja-
cobée, herbe de saint
Jacques.                    Vul. det.

31. *Virga aurea.* T. la Ver-
ge dorée.                   Vul. aper.

32. *After Enula. Campana.*
T. l'Enula Campana. Bechique

33. *Leucanthemum.* T.
grande paquerette,
Marguerite.                 Vul. aftr.

34. *Matricaria.* T. la Matricaire.                   Hifteriq.

35. *Buphtalmum.* T. l'Œil.
de Bœuf.                    Vuln.aft.

36. *Petafites.* T. V. Herbe
aux Teigneux.               Diaphor.

37. *Chamœmelum.* T. V.
la Camomille.               Carmin.

d

38. *Millefolium*. T. la Mil-
lefeuille , Herbe au
Charpentier.                    Vul. aftr.

39. *Ptarmica*. T. Herbe
à éternuer.                     Errh. fter.

40. *Helianthus*. V. le So-
leil.                          Vul. det.

41. *Jacea* T. la Jacée des
Prez.                          Vuln. aft.

42. *Caltha*. T. V. le Souci.  Hifteriq.

43. *Cyanus*. T. V. le
Bleuet , Barbiau , Caf-
fe-Lunette.                    Ophtalm.

44. *Centaurium majus*. T.
la grande Centaurée.           Hepatiq.

45. *Viola*. T. la Violette.   Emoll.

46. *Balfamina*. T. la Bal-
famine.                        Vul. det.

✿✿✿✿✿✿✿✿✿ ✿✿:✿✿:✿✿✿✿✿✿

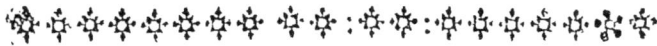

## VINGTIEME CLASSE.

1. **O**rchis. Alexitere

2. *Ophrys*. **T**. la double-feuille. Vul. det.

3. *Helleborine*. **T**. l'Elleborine.

4. *Satyrium*. **L**. Alexitere

5. *Arum* **T**. Pied de Veau. Hepatiq.

6. *Dracunculus*. **T**. la Serpentaire. *Idem.*

7. *Aristolochia*. **T**. l'Aristoloche. Histeriq.

8. *Granadilla*. **T**. la Grenadille Fleur de la Passion.

VINGT-UNIEME CLASSE.

1. *LAcrima Job.* T. la Larme de Job.　Aperit.

2. *Urtica.* T. l'Ortie　Vul. aftr.

3. *Buxus.* T. le Buis.　Diaphor.

4. *Alnus.* T. l'Aulne.　Purgat.

5. *Betula.* T. le Bouleau.　Aperit.

6. *Morus.* T. le Murier.　Rafraîch.

7. *Xanthium.* T.　Aperit.

8. *Ambrofia.* T. l'Ambrofie.

9. *Amaranthus.* T. l'Amarante.　Vul. aftr.

10. *Parthenium.* V. l'Uterifére.　Hifteriq.

11. *Croton Ricinoides.* T. le Medecinier.                    Purgat.

12. *Pimpinella.* T. la Pimprenelle.                          Vuln. ap.

13. *Quercus* T. le Chêne.   Vul. aftr.

14. *Nux juglans.* T. le Noyer.                              Diaphor.

15. *Caftanea.* T. le Chatenier.                            Vul. aftr.

16. *Corylus.* T. le Noifetier.                             Idem.

17. *Pinus.* T. le Pin.       Rafraich.

18. *Thuya.* T. l'Arbre de Vie.                             Vul. aftr.

19. *Cupreffus.* T. le Cypres  Vuln. aft.

20. *Abies.* T. le Sapin.     Aperit.

21. *Ricinus.* T. le Ricin ,  Purgat.
    Palme de Chrift,         Vul. det.

22. *Momordica*. T. la Pomme de Merveille. — Vul. det.

23. *Cucumis*. le Concombre. — Rafraich.

24. *Melo*. le Melon. — Idem.

25. *Bryonia*. T. la Coulevrée, Bryone ou Vigne blanche. — Purgat.

---

## VINGT-DEUXIEME CLASSE.

1. *S Alix*. T. le Saule. Rafraîch.

2. *Myrica*. T. le Piment Royal. — Aperit.

3. *Spinacia*. T. l'Epinars. Rafraîch.

4. *Pistacia*. T, le Pistachier. — Bechique

5. *Cannabis.* T. le Chan-
vre.                                    Hepatiq.

6. *Lupulus.* T. le Hou-
blon.                                   *Idem.*

7. *Populus.* T. le Peuplier. Emoll.

8. *Mercurialis.* T. la Mer-
curiale.                                *Idem.*

9. *Aruncus.* T. la Barbe
de Chevre.                              Diaphor.

10. *Taxus.* T. l'If.

11. *Sabina.* T. la Sabine.   Hifteriq.

12. *Rufcus.* T. le Fragon,
petit Houx.                             Aperit.

---

## VINGTTROISIEME CLASSE.

1. *Veratrum.* T. Pied
de Griffon,                             Purgat.

2. *Celtis.* T. le Micocou‑
lier.                                   Vul. aftr.

3. *Cruciata.* T. la Croi‑
fette.                                  *Idem.*

4. *Parietaria.* T. la Parie‑
taire                                   Emoll.

5. *Attriplex* T. l'Arroche
Belle-dame , Bonne‑
dame , Folette.                 *Idem.*

6. *Fraxinus.* T. le Frêne.   Aperitiv.

7. *Rhodiola.* L. l'Orpin‑
rofe.                                   Cephal.

---

## VINGT-QUATRIEME CLASSE.

1. **F**icus. T. le Figuier   Bechique

2. *Equifetum.* T. la Prefle,
Queue de cheval.              vul. aftr.

3. *Osmonda*. T. l'Osmonde ou Fougere Fleurissante.      Hepatiq.

4. *Ophioglossum*. T. l'Ophioglosse, langue de Serpent.      Vul. det.

5. *Lonchitis*. T. la Lonkite.      Hepatiq.

6. *Adiantum*. T. le Capillaire.      Bechique

7. *Lingua. Cervina*. T. la Scolopendre ou langue de Cerf.      Hepatiq.

8. *Ruta Muraria*. T. la Sauvevie.      *Idem.*

9. *Polypodium*. T. le Polypode.      *Idem.*

10. *Trichomanes*. L. le Politric.      Bechiq.

11. *Lenticula*. D. la Lentille d'eau.

*F I N.*

Les 4 Sémences froides {
Citrouille
Courge
melon
Concombre

4 Sémences chaudes {
anis
fenouil
Cumin
Carvi

# NOMS

*Des Auteurs qui sont rap-*
*portés ci-dessus.*

A. Juss. Antoine de Jussieu.

B. Boerhaave.

C. B. Casp. Bauhin.

D. Dillenius.

Kæmpf. Kæmpferus.

L. Linnæus.

N. Nissole.

Riv. Rivinus.

T. Tournefort.

V. Vaillant.

## FAUTES A CORRIGER.

PAge 13. ligne 9. l'idées de ce caractere, lisez l'idée de ce caractere.

Page 25. lig. 6. vant son epanouissement, lisez avant son épanouissement.

Ligne 7. pour l'ordinaire des soutiens apres, lisez pour l'ordinaire de soutien apres.

Page 27. lig. 7. *pirineige*, lisez *perce-neige*.

Page 34. ligne 8. le *drupe*, lisez le *drupa*.

Page 35. lig. 12. ou forment des branches, lisez ou forme des branches.

Page 37. lig. 12. somnité, lisez sommités.

Page 41. ligne 5. *filependule*, lisez *filipendule*.

IVe. Classe n°. 13. *Ilex Dodouuæa*, lisez *Ilex Dodonæa*.

Ve. Classe. n°. 12. *Auricula Urei*, lisez *Auricula Urci*.

N°. 43. Gentienne, lisez Gentiane.

N°. 46. *Crygicum*, lisez *Eryngium*.

N°. 47. Sanicula, lisez la Sanicle

N°. 62. *Chærophillum*, lisez *Chærophillum*.

XIIe. Classe N°. 2. *puuica*, lisez *punica*.

XIVe. Classe. N°. 29. Srophulaire, lisez Scrophulaire.

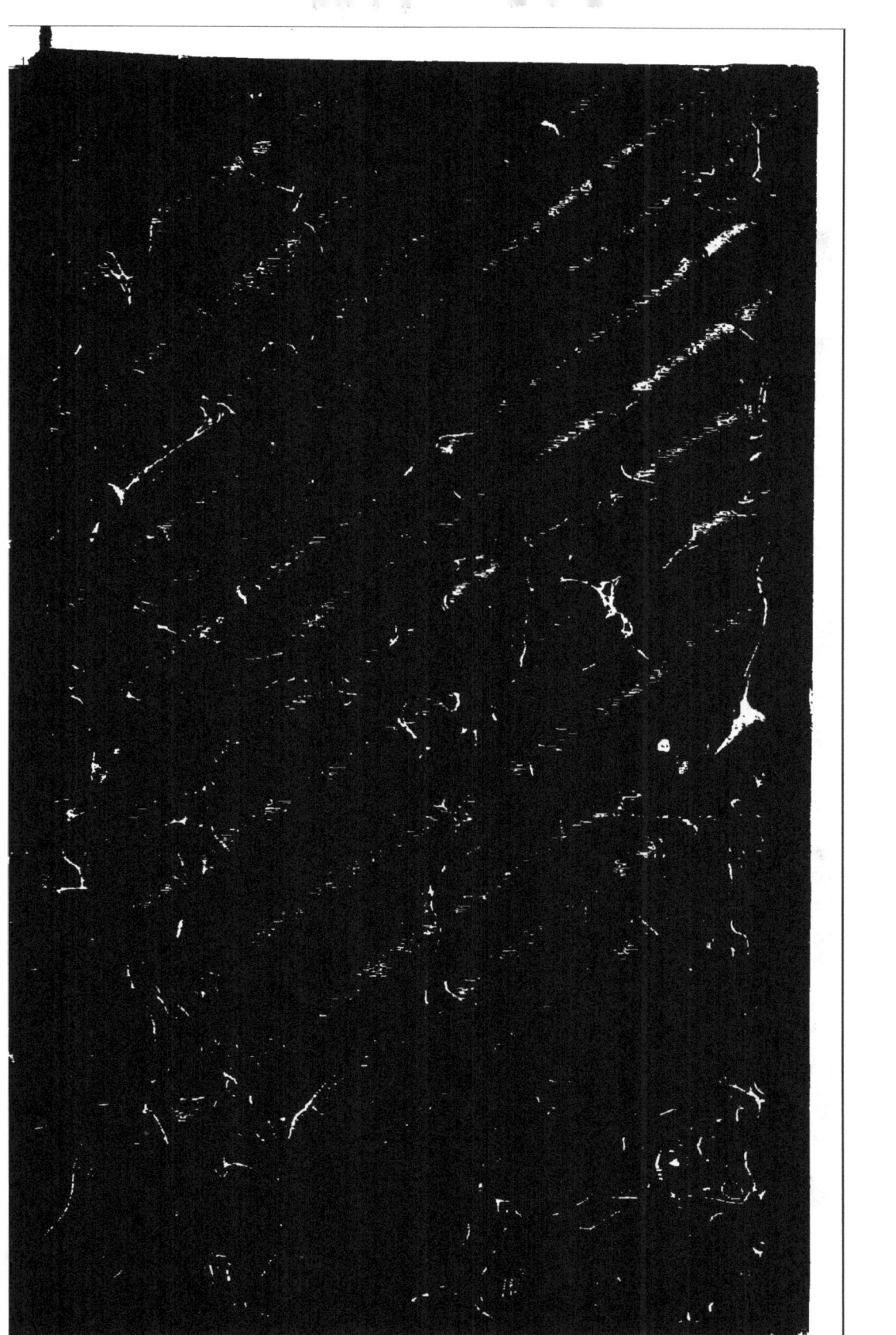